BEI GRIN MACHT SICH IHR WISSEN BEZAHLT

- Wir veröffentlichen Ihre Hausarbeit,
  Bachelor- und Masterarbeit

- Ihr eigenes eBook und Buch -
  weltweit in allen wichtigen Shops

- Verdienen Sie an jedem Verkauf

Jetzt bei www.GRIN.com hochladen
und kostenlos publizieren

Bibliografische Information der Deutschen Nationalbibliothek:

Die Deutsche Bibliothek verzeichnet diese Publikation in der Deutschen National-
bibliografie; detaillierte bibliografische Daten sind im Internet über http://dnb.d-
nb.de/ abrufbar.

Impressum:

Copyright © 2012 GRIN Verlag, Open Publishing GmbH
Druck und Bindung: Books on Demand GmbH, Norderstedt Germany
ISBN: 9783668488274

Dieses Buch bei GRIN:

http://www.grin.com/de/e-book/370944/abkehr-von-der-scheinkultur-die-kleidung-
der-wandervoegel-als-spiegel

Anne S. Respondek

Abkehr von der Scheinkultur. Die Kleidung der Wandervögel als Spiegel ihrer Gesinnung und inneren Einstellung

GRIN Verlag

Lehrstuhl für sächsische Landesgeschichte

Institut für Geschichte

Philosophische Fakultät, TU Dresden

SS 2012

Heimatseminar

Seminararbeit

<u>Abkehr von der Scheinkultur</u>

<u>Die Kleidung der Wandervögel als sichtbarer Ausdruck und Spiegel ihrer Gesinnung wie inneren Einstellung</u>

Anne S. Respondek

Masterstudiengang Geschichte

1. **<u>Vorwort, Fragestellung und Methode</u>**

Zum Verhältnis von Kleidungsverhalten und Gesellschaft existieren mehrere Theorien verschiedenster Fachrichtungen, u.a. der Anthropologie, der Kunst-, der Sozial- und Kulturgeschichte, der Volkskunde u.a., die hier aus Platzgründen nicht alle aufgeführt werden können.[1] Einig sind sie sich einzig darin, dass Kleidung als Zeichen sozialen Verhaltens betrachtet werden kann und sollte. Ausgegangen werden soll hier davon, dass Kleidung also ein kulturelles Zeichen ist, welches auf bestimmte regionale, soziale, kulturelle, berufsständige, geschlechtliche und altersbedingte Unterschiede zwischen Gruppen hinweist. Hingewiesen werden soll kurz auf den Unterschied zwischen Kleidung und Mode, der längst nicht in allen Theorien begriffen wird, vor allem nicht in denen, die das Phänomen aus kulturanthropologischer Sicht betrachten. Aber *„Mode ist nicht gleich Kleidung. Sie ist vielmehr ein Kommentar in Kleidern über Kleidung.“*[2] Da die Wandervögel als Individuen, die sich trotz gruppendynamischer Prozesse meistenteils dennoch relativ frei entscheiden konnten, was sie (zumindest in ihrer Freizeit, ergo der Zeit, die sie dem Wandervogelideal am nächsten kommen durften) trugen – bzw., wenn sie die Kleidung nicht selber herstellten, entsprechende Bitten an ihre Eltern richteten – selber auch in mannigfaltigen Diskursen über ihr Kleidungsverhalten reflektierten und diskutierten, ist davon auszugehen, dass die Sachen, die sie bekleideten, für sie mehr als nur zweckdienliche eindimensionale Gegenstände waren und dass sie über diese Objekte, die sie mit Sinn aufluden, Zeichen setzen wollten. Dass dies möglich war, ist zunächst ihrer Schicht – die meisten Wandervögel entstammten bürgerlichen Elternhäusern, in denen eben nicht die Not diktierte, was getragen wurde – wie auch sonst ihrem eher liberal gesinnten Umfeld geschuldet und spricht dafür, die Bekleidung der Wandervögel nicht nur als Kleidung, sondern auch als Mode anzusehen, die ja von jeher *„bestimmt [war, Anm. A.S.R.] für wenige Auserwählte, die es sich leisten konnten und wollten, den Träumen einer besseren Zeit nachzuhängen.“*[3] Gut erkennbar wird das, was den Wandervögeln wichtig war, auf Fotographien von Fahrten und Festen, die zugleich symbolhaft für die Gesinnung und die Wünsche des Wandervogels ausgedeutet werden können und auch von ihnen selbst als Sinnbilder generiert worden sind. Die Kleidung, die sie auf diesen für sie so wichtigen Ereignissen trugen, kann ebenso interpretiert werden, weil sie,

---

[1] Marion Grob gibt einen guten und kritischen Überblick zu den wichtigsten Theorien in Grob, Marion, Das Kleidungsverhalten jugendlicher Protestgruppen in Deutschland im 20. Jahrhundert, Münster 1985, S. 14 - 30

[2] Vinken, Barbara, Mode. Spiel mit Grenzen, in: Nixdorff, Heide (Hg.), Das textile Medium als Phänomen der Grenze – Begrenzung – Entgrenzung, Berlin 1999, S. 97 – in diesem Essay liefert Vinken eine schöne Übersicht über die Geschichte der Mode an sich

[3] Ebd.

wie zahlreiche Diskussionen innerhalb der wandervogeleigenen Zeitschriften beweisen, keineswegs zufällig getragen worden ist. Kleidung als Mittel und Zeichen der Selbstbestimmung auf dem Weg zur Selbstwerdung, als Maskerade bis zur Verwandlung, ergo bis man ist, was man zu sein begehrt, ist immer auch Hinweis auf eine konstruierte innerliche Wunschwelt, deren Realisierung als in ferner Zukunft geschehend gedacht wird.[4]

In dieser Seminararbeit soll die Frage gestellt werden, auf welche Wunschbilder und Werte die Kleidung der Wandervögel, die sich im Laufe der Jahre massiv verändert hat, hinweist und wer über ihre Funktion von der Gruppe ausgeschlossen bzw. in die Gruppe eingeschlossen werden sollte. Beachtet werden soll hier zudem, dass der Wandervogel als Jugendkultur eine Protestgruppe gewesen ist, wenn der Protest auch von den Eltern und Erziehern mitgetragen wurde und sich kein ernsthafter, konfrontativer Widerstand gegen den Zeitgeist und die Gesellschaft findet, eher das Schaffen eines freien Raumes für Menschen einer bestimmten Klasse und Generation.[5] Die Erschaffung dieser eigenen Subkultur - wobei „Subkultur" hier nicht als „Gegenkultur", sondern als „Teilkultur", die durchaus gegenläufige Züge zur „Hauptkultur" bzw. zur dominanten Kultur tragen kann, begriffen werden soll – generiert bestimmte Regeln, die sich auch auf die Kleidung niedergeschlagen haben. So hat der Wandervogel über die Kleidung deutlich gemacht, dass er sich als jugendliche und selbstbestimmte Elite empfindet[6]. Wie dies konkret vollzogen worden ist, soll hier gezeigt werden. Auch soll auf die ambivalente Wirkung von Mode, hier speziell Jugendmode, eingegangen werden: revolutionär, exkludierend, alternativ, Freiheiten demonstrierend auf der einen Seite, durch das Modediktat die zugehörigen Individuen der Gruppe unterwerfend auf der anderen Seite.[7] Der Wandervogel hat seine Kleidung als Medium genutzt, was er damit ausdrücken wollte, soll hier dargestellt und seine Mode(n) als Gruppensymbol interpretiert werden.

---

[4] Vgl. Schad, Wolfgang, Zur Anthropologie der Bekleidung, in: Nixdorff, Heide (Hg.), Das textile Medium als Phänomen der Grenze – Begrenzung – Entgrenzung, Berlin 1999, S. 76 f.

[5] Zu Klassen- und Generationsbewusstsein in Jugendkulturen auch Murdock, Graham und McCron, Robin, Klassenbewusstsein und Generationsbewusstsein, in: Clarke, John u.a. (Hg.), Jugendkultur als Widerstand, Frankfurt am Main 1981

[6] Dies ist allgemein Ansinnen und Ausdruck von Jugendmode, siehe Baacke, Dieter, Wechselnde Moden. Stichwörter zur Aneignung eines Mediums durch die Jugend, in: Baacke, Dieter u.a. (Hg.), Jugend und Mode, Leverkusen 1988

[7] Vgl. Dollase, Rainer, „Von ganz natürlich bis schön verrückt" – Zur Psychologie der Jugendmode, in: Baacke, Dieter u.a. (Hg.), Jugend und Mode, Leverkusen 1988, S. 93

2. <u>Was ist der Wandervogel?</u>

Zunächst kann der Wandervogel trotz fortgeschrittenen Alters einiger seiner Mitglieder als Jugendkultur bzw. Jugendbewegung bezeichnet werden. Allerdings existiert in der Rückschau eine *„gesellschaftlich anerkannte Jugendphase"*[8] überhaupt erst ab ca. 1850. Die Wandervögel entstammten meistenteils der bürgerlichen Schicht und unterschieden sich ergo in Lebensumständen, Kultur und Verhalten massiv von proletarischen Jugendlichen. Ihnen war eine längere Abhängigkeit vom Elternhaus zu eigen, aber auch eine länger dauernde Ausbildung, weiterhin ist in der Jugendphase das Ausprobieren ansonsten gesellschaftlich nicht anerkannter Verhaltensweisen durchaus genehmigt gewesen. All diese Faktoren trafen Ende des 19. / Anfang des 20. Jahrhunderts auf einen ausgeprägten Kulturpessimismus und auf eine Mythologisierung der Jugend als solche, auf einen regelrechten Jugendkult. Ebenso trugen andere Gegebenheiten der wilhelminischen Ära zum Phänomen Wandervogel bei, zum Beispiel die Abstiegsängste des Bürgertums, seine Solidarisierung mit dem Adel, sein Verharren in Untertanengeist und Standesdünkel. Bürgerliche Kreise waren meistenteils durchsetzt von antiliberalen, antisozialdemokratischen Ressentiments und schillerten eher monarchistisch-nationalistisch, und natürlich, gut erkennbar auch an der Verbindung von Thron und Kirche, protestantisch. Man kann der wilhelminischen Gesellschaft eine gewissen Starr- und Steifheit, auch im Hinblick auf die Verhältnisse zwischen den Geschlechtern, die ja nun eher unterdrückerisch-bigott waren, ganz sicherlich nicht absprechen. Auch die – da die Kinder und Jugendlichen, die sich dem Wandervogel anschlossen, meist der bildungsbürgerlichen Schicht entstammten, oft humanistischen - Erziehungsanstalten, die die bürgerliche Jugend derzeit durchlaufen hat, vermittelten bei aller auch in ihr grassierender neu aufgekommener Reformpädagogik ebenso die Werte, die zum gesellschaftlichen Überleben notwendig waren: Gehorsam, Disziplin, Fleiß, Vaterlandsliebe.[9] Kennzeichnend war trotz aller Starrheit dennoch vor allem in diesen Schichten auch das Gefühl, in Zukunft werde sich etwas ändern – zum Beispiel gut erkennbar im mehr und mehr Raum einnehmenden Nationalismus und in der Kriegs- und Imperialismuslust weiter Bevölkerungsanteile – sowie ein dezentes Unbehagen an weiteren politischen, technischen und ökonomischen Umwälzungen. Diese Vorahnungen schienen durchaus geeignet, im Einzelnen Verunsicherung über die eigene Perspektive und den eigenen Platz in der Gesellschaft

---

[8] Grob, Protestgruppen, S. 30
[9] Vgl. Scholtz, Harald, Der Wandervogel im Kontext der Jugendpolitik des Wilhelminischen Kaiserreichs, in: Herrmann, Ulrich (Hg.), „Mit uns zieht die neue Zeit…" Der Wandervogel in der deutschen Jugendbewegung, Weinheim / München 2006

hervorzurufen. Aus dem Jugendkult, aus der Sicht auf die Jugend als besonders „rein", sittlich und kulturell hochstehend, ja, zu Höherem, zu hohen Taten berufen, ergab sich in liberal-bildungsbürgerlichen Kreisen die Forderung, die Jugend mehr gewähren zu lassen, ihr mehr Freiheiten zuzugestehen. Ohne das Wohlwollen, im Mindesten aber das Tolerieren dieser Gruppen durch die Eltern und Erzieher wäre der Wandervogel ganz sicher gar nicht erst zustande gekommen. Auffallend ist, dass die Jugendlichen sich mit dem Wandervogel weniger gegen ihre Eltern wandten, sondern die Werte derer entstammten Schicht einfach neuinterpretierten und das Bildungsbürgertum damit eher stützten als stürzten, man kann auch sagen: zu seiner Erneuerung beitrugen und damit eine lebensverlängernde Maßnahme einleiteten.[10]

Der Wandervogel ist aus einem 1897 von Hermann Hoffmann gegründeten Stenographenverein hervorgegangen und hatte mehrere Führungs- und Richtungswechsel hinter sich, bis er nach dem Ersten Weltkrieg in den zwanziger Jahren in die Bündischen Jugend über- bzw. in ihr aufging.

Den Wandervogel gibt es nicht, es haben mehrere Bünde, auch Gruppen, nebeneinander existiert: Wandervogel Ausschuss für Schülerfahrten, Steglitzer Wandervogel e.V.,

---

[10] Vgl. Grob, Protestgruppen, S. 40 - 51
[11] Grafik 2, http://2.bp.blogspot.com/-nhmwouiVSu0/TtiHp2GA4ZI/AAAAAAAAEmA/2TkMYUuaE_4/s1600/norwegen_1913_2.jpg, letzter Zugriff am 15. Sept. 2012

Altwandervogel, Verband deutscher Wandervögel, Wandervogel Deutscher Bund für Jugendwandern, gemischtgeschlechtliche Gruppen, Verbände für das Mädchenwandern usw.; ebenso gab es wilde Gruppen, von denen sich die Wandervögel allerdings scharf distanzierten. Zu beachten ist, dass kein Bund dem anderen und keine Gruppe der nächsten gleicht. [12]

Der Wandervogel zeichnete sich in der frühen Phase, auch nachdem 1900 Karl Fischer die Führung übernommen hatte, aus durch die Lust am Wandern aber auch als Entwurf einer Gruppe, in der die Steifheit des Umgangs miteinander außer Kraft gesetzt werden und mit der Erfahrung der Natur ein einfacher und autonomer Lebensstil eingeübt werden sollte. In dieser Zeit näherte sich der Wandervogel dem Landstreicherhaften, dem Vaganten- und mittelalterlichem Scholarentum an, in Aussehen wie Benehmen. Raue Zünftigkeit und ein halbwegs verlottertes Äußeres trafen durchaus auch auf Alkohol- und Tabakkonsum (zu späteren Zeiten in diesen Kreisen absolut verpönt!). [13]

Wandervogelgruppen konnten nicht von Schülern, wohl aber nur deren Eltern gegründet werden, auf deren grundsätzlich positive Einstellung zum Wandervogeltum war man stets angewiesen. Im Laufe der Jahre hat sich der Wandervogel eine eigene Kultur angeeignet und ist zu einer Art Jugendbewegung[14], in der die älteren Jugendlichen die jüngeren führten, gewachsen, die über die Jugend der Erneuerung der Gesellschaft und der Welt imaginierte.[15]

Das Wandern ist stets das Symbol für das gewesen, was alle Wandervögel zu allen Zeiten trotz Unterschiedlichkeit und Differenzen der Gruppen und Bünde untereinander (zum Beispiel zur Mädchen-, zur Juden-, zur Abstinenz- und Kleiderfrage) geeint hat: die Rückkehr zum Einfachen, Wahrhaftigen, Reinen, Naturverbundenem, die Rückkehr zu dem Menschen in sich selbst, den die verpönte und in den Augen der Wandervögel krankhafte Auswüchse zeigende Zivilisation längst verschüttet hat.[16]

---

[12] Eine sehr ausführliche Geschichte des Wandervogels bietet Helwig, Werner, Die blaue Blume des Wandervogels. Vom Aufstieg, Glanz und Sinn einer Jugendbewegung, Baunach 1998

[13] Vgl. Gerber, Walther, Zur Entstehungsgeschichte der deutschen Wandervogelbewegung. Ein kritischer Beitrag, Bielefeld 1957, S. 13 - 89

[14] Vgl. Herrmann, Ulrich, Wandervogel und Jugendbewegung im geistes- und kulturgeschichtlichen Kontext vor dem Ersten Weltkrieg, in: ds. (Hg.), „Mit uns zieht die neue Zeit…" Der Wandervogel in der deutschen Jugendbewegung, Weinheim / München 2006

[15] Zur Jugend als Mythos und Symbolträger und zum Jugendkult zu Beginn des letzten Jahrhunderts: Stambolis, Barbara, Mythos Jugend – Leitbild und Krisensymptom. Ein Aspekt der politischen Kultur im 20. Jahrhundert, Schwalbach / Ts. 2003 ; Stoff, Heiko, Ewige Jugend. Konzepte der Verjüngung vom späten 19. Jahrhundert bis ins Dritte Reich, Köln 2004; Eckert, Roland, Jugend als Utopie: Der Wandervogel, in: Herrmann, Ulrich (Hg.), „Mit uns zieht die neue Zeit…" Der Wandervogel in der deutschen Jugendbewegung, Weinheim / München 2006

[16] Vgl. Aufmuth, Ulrich, Die deutsche Wandervogelbewegung unter soziologischem Aspekt, Göttingen 1979, S. 219 - 228

Eine weitgehende Vereinheitlichung der einzelnen Bünde unter einem Einigungsbund, auch inhaltlich, hat von 1911 bis 1919 stattgefunden. Im Laufe der Jahre hat der Wandervogel seine innere Kultur immer weiter verfeinern, differenzieren und eher auf einen gemeinsamen Nenner bringen können: *„Reinheit, Wahrheit, Liebe"*[17]. Völkische und deutschtümelnde Elemente wie die Not zur Erneuerung nicht nur des Einzelnen, sondern auch des deutschen Volkes haben in ihm ebenso Platz gefunden wie lebensreformerische Impulse, die den Abwurf alles Unechten, Steifen, Künstlichen vom Menschen anstrebten. Zum Wandern hinzu kamen ebenso das Singen und Sammeln von Volksliedern und das Praktizieren von Volkstänzen als wichtige Bestandteile deutscher Kultur[18] und eine romantisierende Sicht auf die deutsche Bauernschaft, die als die noch wahrhaftigste und geerdetste, ungekünsteltste Schicht des deutschen Volkes wahrgenommen worden ist, ja, als sein Ursprung. Wichtig ist den Wandervögeln stets auch die Gemeinschaft als solche gewesen, tiefe Freundschaften und Kameradschaften wie auch das Bestehen von Schwierigkeiten und das Überwinden von Hindernissen auf Fahrten, das ja auch Gruppen zusammenschweißen und zu einer Art Schicksalsgemeinschaft formen kann. Wert gelegt worden ist bei aller Erfahrung der Körperlichkeit[19] stets auf eine enterotisierte Atmosphäre (zwischen den Geschlechtern[20], eine gewisse homoerotische Spannung kann den Jungengruppe schlechterdings abgesprochen werden[21]), auch in gemischtgeschlechtlichen Gruppen sind die Kameradschaftlichkeit[22] und das Reinheitsideal oberstes Prinzip gewesen. Mädchen und Jungen wurden dabei zeitgemäß verschiedene Rollen und damit auch verschiedene Verhaltensweisen zugeordnet. Ebenso aber

---

[17] So die Wandervogelführung selbst in dem Text „Was ist der Wandervogel?", Aus der Festschrift „Freideutsche Jugend. Zur Jahrhundertfeierauf dem Hohen Meißner 1913", Abdruck in Herrmann, Ulrich (Hg.), „Mit uns zieht die neue Zeit..." Der Wandervogel in der deutschen Jugendbewegung, Weinheim / München 2006

[18] Angestoßen wurde dies vor allem durch den Sachsengau, vgl. Siefert, Hermann, Untersuchungen zur Entstehung und Frühgeschichte der Bündischen Jugend, S. 173 – 185; zum sächsischen und speziell Dresdner Wandervogel vgl. Ulbricht, Justus H., Aufbruch an Elbe und Saale. Anfänge sächsischer Jugendbewegung, in: Dresdner Geschichtsverein e.V. (Hg.), Dresdner Hefte - Beiträge zur Kulturgeschichte, In Wanderkluft und Uniform. Jugendbewegung in Sachsen, 26. Jahrgang, Heft 90, 2/2007 und Müller, Alexander Konrad, der Wandervogel in Dresden, ebd.

[19] Dazu vgl. Wedemeyer-Kolwe, Der „neue Mensch" in seinem „neuen Körper": Jugendbewegung und Körperkultur, in: Herrmann, Ulrich (Hg.), „Mit uns zieht die neue Zeit..." Der Wandervogel in der deutschen Jugendbewegung, Weinheim / München 2006

[20] Dazu vgl. Klönne, Irmgard, „...nicht Wasser mehr und Feuer..." Das Geschlechterverhältnis in der Jugendbewegung, in: Herrmann, Ulrich (Hg.), „Mit uns zieht die neue Zeit..." Der Wandervogel in der deutschen Jugendbewegung, Weinheim / München 2006

[21] Vgl. auch die Darstellung des frühen Wandervogels unter dem Aspekt auch der Homoerotik: Blüher, Hans, Wandervogel. Geschichte einer Jugendbewegung, 2 Bände, Berlin 1912 und eine Reflektion darüber vgl. Herrmann, Ulrich, Den Wandervogel verstehen – eine Annäherung im Lichte einer frühen Selbstdeutung, in: ds. (Hg.), „Mit uns zieht die neue Zeit..." Der Wandervogel in der deutschen Jugendbewegung, Weinheim / München 2006

[22] Vgl. Schwarte, Norbert, Kameradschaftlichkeit als Leitbild: Jugendbewegung und Jugendhilfe, in: Herrmann, Ulrich (Hg.), „Mit uns zieht die neue Zeit..." Der Wandervogel in der deutschen Jugendbewegung, Weinheim / München 2006

hat der Wandervogel auch Kriegsspiele abgehalten und, obwohl er stets betont hat, mit Politik nichts zu schaffen haben zu wollen, der Heroisierung des „jungen deutschen Mannes" Vorschub geleistet. Dementsprechend haben sich männliche Wandervögel zu Beginn des Ersten Weltkrieges meistenteils freiwillig gemeldet (und sind, zahlenmäßig erheblich dezimiert und grundlegend verstört und desillusioniert, wiedergekommen).[23] Nach dem Ersten Weltkrieg hat der Wandervogel sich der Politisierung nicht mehr ausreichend erwehrt. Die Freiheit der ersten Jahre ist in eine Art Gleichschaltung verwandelt worden, bis der Wandervogel selbst in die bündische Jugend übergegangen ist.[24]

## 3.	Das kleidungstechnische Umfeld des Wandervogels

## 3.1.	Die abgelehnte bürgerliche Kleidung

Kleidung bzw. Accessoires als Träger von Zeichen drücken nicht nur den individuellen Geschmack und Gesinnung bzw. die den sie tragenden Menschen umgebenden Gegebenheiten aus, sondern sie weisen als Zeichen der Zugehörigkeit einer Gruppe eben auch soziale, regionale und nationale Konnotationen auf und sind in die jeweilige historische politische Kultur stets eingebunden, repräsentieren sie ergo auch.[25]

---

[23] Fritz, Michael u.a., „… und fahr´n wir ohne Wiederkehr." Ein Lesebuch zur Kriegsbegeisterung junger Männer, Band 1: Der Wandervogel, Frankfurt am Main 1990, v.a. S. 43 - 137

[24] Vgl. Siefert, Hermann, Untersuchungen zur Entstehung und Frühgeschichte der Bündischen Jugend, Diss., 1961, S. 71 - 134

[25] Vgl. Müller, Siegfried, Kleider machen Politik, in: Landesmuseum für Kunst und Kulturgeschichte Oldenburg (Hg.), Kleider machen Politik. Zur Repräsentation von Nationalstaat und Politik durch Kleidung in Europa vom 18. bis zum 20. Jahrhundert, Oldenburg 2002, S. 6 und vgl. Müller, Siegfried, Kleidung und Nation – ein Vergleich, in: Landesmuseum für Kunst und Kulturgeschichte Oldenburg (Hg.), Kleider machen Politik. Zur Repräsentation von Nationalstaat und Politik durch Kleidung in Europa vom 18. bis zum 20. Jahrhundert, Oldenburg 2002, S. 51

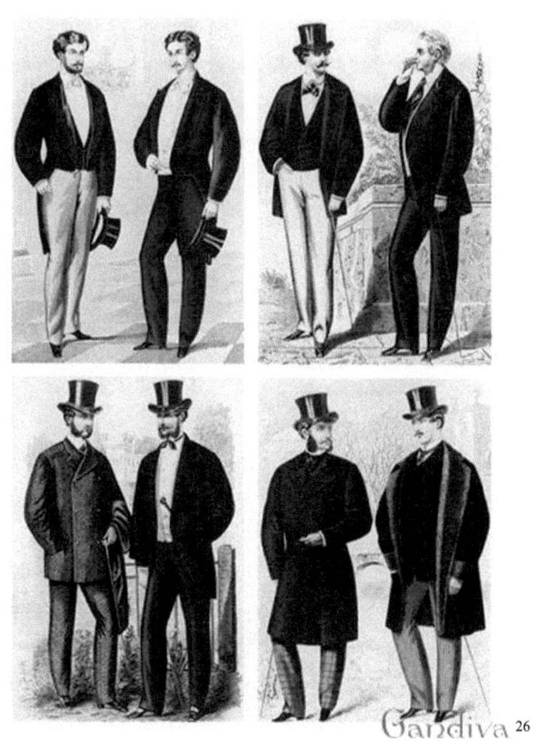

[26]

Die bürgerliche Mode der Jahre 1890 bis 1914 war deutlich von dem Willen geprägt, nicht nur die jeweilige nationale, sondern auch möglichst eine hochständige soziale Zugehörigkeit zu repräsentieren (oder auch, bezüglich des sozialen Status´: vorzutäuschen!). Hinsichtlich Herren- wie Damenkleidung existierte eine gewisse Steifheit, sie sich im Laufe der Jahre verstärkte. Männer höherstehender oder auch reaktionär-bürgerlicher Kreise ersetzten den Frack durch das Jackett, trugen lange Hosen, Hemden, Westen, Mäntel, gestärkte Hemdbrust, Hut (Zylinder oder Filzhut), vor allem aber einen brettsteif gestärkten kinnhohen Kragen, den sogenannten „Vatermörder", der allzeit für gute Haltung gesorgt haben wird. Weiterhin beliebt war der Bart, dessen Schnitt und Form gern dem jeweiligen Patriarchen des Kaiserreichs angeglichen wurde. Zusätzliche Accessoires waren Handschuhe, Stock und (goldene) Uhr sowie möglichst teure Manschettenknöpfe und Krawattennadeln. In den besseren Kreisen entwickelte sich eine Art verständiges Einvernehmen darüber, dass der

---

[26] Grafik 3, http://www.historical-costumes.eu/08_Text_Gr%C3%BCnderzeit_Jugendstil/01_Herren_gr%C3%BCnderzeit_1870er_jahre_gro%C3%9F.jpg, letzter Zugriff 15. Sept. 2012

Mensch gehobenen Status´ zu jeder Gelegenheit passend und dem Anlass angemessen gekleidet zu sein habe. Was genau das en detail das bedeutete, wurde über einen komplizierten Code, eine Art Geheimwissen der besseren Gesellschaft, ausgehandelt und definierte so für alle Eingeweihten klar ersichtlich, wer dazugehörte und wer nicht. Auch die Damenmode wurde durch den großen Putz bestimmt: die Schnitte hatten möglichst dem Trend zu entsprechen, die Stoffe und Kleidungsdetails (Pailetten, Spitzen, Bordüren,…) möglichst kostbar zu sein. Üblich war es, Kleidung maßgeschneidert anfertigen zu lassen.[27]

28

Ein Accessoire, welches die „feine Dame" nie und nimmer wegzulassen hätte, war das Korsett, mit dessen Hilfe sich Frauen in manchmal stundenlanger Prozedur zur schlanken Taille wie eben auch zu Atemnot und innerorganischen Verkrüppelung schnüren ließen. In Anbetracht der wirtschaftlichen Abhängigkeiten der Frau nimmt ihr äußerliches Anpreisen durch das Hervorheben sekundärer Geschlechtsmerkmale und als fraulich markierter Eigenheiten wie Gesäß, Beine, Hüften auf dem Heiratsmarkt wenig Wunder; beachtenswert ist hingegen die Doppelmoral und Prüderie, mit der dies geschah – so hatten diese zugleich sichtbar und verhüllt zu sein. Die „feine Dame" trug, je nach Anlass, entweder Kleid mit Schleppe oder Bluse mit fußlangem Rock; ihre Füße waren meistenteils in viel zu kleine, aber schicke Schnürschuhe gezwängt, sodass sie, schleppen- und schuhbedingt, höchstens trippeln konnte. Die Schleppe musste außerdem gerafft bzw. getragen werden, ohne Hut (darauf

---

[27] Vgl. Grob, Protestkleidung, S. 82 - 90
[28] Grafik 4, http://2.bp.blogspot.com/-YjKkgbTJujA/TxsVuw2-rTI/AAAAAAAABck/ww25y105GwQ/s320/tumblr_kuly6ukfJm1qarrqqo1_400.jpg, letzter Zugriff am 15. Sept.

Verzierungen: Feder oder ganze Vögel, Blumen oder ganze Blumensträuße,...), Handtasche, Handschuhe und Regen- bzw. Sonnenschirm hatte die Dame ebenso nicht aus dem Haus zu gehen. Die Haare zeigten sich in Wellen hochgesteckt oder zu turmähnlichen Gebilden geformt.[29]

30

31

Selbst Zeitgenossen sahen in der Frau des ausgehenden 19. und beginnenden 20. Jahrhunderts eine *„Märtyrerin, die mit heldenhaftem Lächeln Leiden erduldete und verbarg. (…) Oft waren die Hüte nur auf einer Seite mit Blumen und Bögen garniert, so daß das ganze Gewicht auf eine Stelle drückte. Nach zehn Minuten bekam man Kopfschmerzen, das Korsett ließ einen nicht atmen, die Kragenstäbchen bohrten sich in den Hals ein, die ungeheuren Ballonärmel*

---

[29] Vgl. Grob, Protestkleidung, S. 82 - 90
[30] Grafik 5, http://upload.wikimedia.org/wikipedia/commons/thumb/7/7a/3916Chapeau_tendu.png/220px-3916Chapeau_tendu.png, letzter Zugriff am 15. Sept. 2012
[31] Grafik 6, http://www.historical-costumes.eu/08_Text_Gr%C3%BCnderzeit_Jugendstil/08_brautkleid_gr%C3%BCnderzeit_1875_gro%C3%9F.jpg, letzter Zugriff am 15. Sept. 2012

hinderten jede freie Bewegung. So gingen die Frauen heldenhaft lächelnd auf die Promenade und hielten in der rasch ermüdenden Hand die Schleppe hoch. "[32]

Auch die Kinderkleidung war zum Repräsentieren gedacht, darauf, dass sie möglichst praktisch sei wurde weniger Wert gelegt. Nicht nur hinsichtlich der Kleidung orientierte sich die Bürgerlichkeit am Adel. Kinder, im Kaiserreich vor Jugendkult und Reformpädagogik eher wie kleine Erwachsene behandelt bzw. angezogen, hatten auch nach außen hin den Stand und die Schicht der Eltern zu repräsentieren, das hieß zunächst, ordentlich, feingekleidet und sauber aufzutreten und sich artig zu verhalten. So trugen die Jungen Matrosenanzüge oder überhaupt Anzüge (zum sonntäglichen Spaziergang oft aus Samt), dazu Halbschuhe (allein der Besitz oder eben das Fehlen von Schuhen ist ein markantes äußerliches Zeichen zur Unterscheidung zwischen Mittel- bzw. Ober- und Unterschicht gewesen!). Auch die Mädchen hatten schon früh „feine Dame" zu sein, deren Kleidung sich oft nur durch Verniedlichungen und billigeres Material von der der älteren Frau unterschied: Kleidchen (oft mit Matrosenkragen), Schärpe, mit Spitzen, Voilants, Mäntelchen, Handtasche, Haarschleife, Hut etc.. Auf das kindliche Wesen bzw. auf kindliche Bedürfnisse hat beidergeschlechts Kleidung keinerlei Rücksicht genommen. Vor allem die Farbe Weiß als Unschulds-, aber auch als herrschaftliches Zeichen lag im Trend – für Kinderkleidung natürlich unpraktisch, aber eben auch ein Hinweis darauf, dass man es sich leisten konnte oft waschen zu lassen bzw. dass die Kinder eben derart artig waren, dass sie sich nicht beschmutzten.[33]

[34]

---

[32] Welsch, Sabine (Hg.), Ein Ausstieg aus dem Korsett. Reformkleidung um 1900, Mathildenhöhe Darmstadt, 3. Februar bis 17. März 1996, S. 8

[33] Vgl. Weber-Kellermann, Der Kinder neue Kleider. Zweihundert Jahre deutsche Kindermoden, Frankfurt am Main 1985, S. 75 – 92 und S. 105 - 121

[34] Grafik 7, http://www.deutsche-schutzgebiete.de/webpages/Sachsen-Altenburg_Kinder.jpg, letzter Zugriff 15. Sept. 2012

Auf dem Land existierte freilich ebenso ein enormer Drang der Oberschicht, sich schon symbolisch und äußerlich von den ärmeren Unterschichten abzugrenzen. Teilweise wurde diese Sorge der Oberschicht auch abgenommen, da sich die Unterschicht Schuhe für ihre Kinder oft schlicht nicht leisten konnte (nicht einmal im Winter). Genutzt wurde die Kinderkleidung auch hier *„als Erziehungsmittel der Anpassung an die Lebensformen der elterlichen Sozialschicht"*[35]. Die Schulkleidung vor allem für Jungen bestand aus uniformähnlichen Kleidungsteilen, die Schülermützen grenzten nicht nur Schule von Schule, sondern auch Klasse für Klasse ab und ermöglichten eine Zuordnung ebenso wie ein Zugehörigkeitsgefühl. Erst nach dem Ersten Weltkrieg und in den zwanziger Jahren setzte eine Veränderung in der Mädchen- und Knabenkleidung ein, geprägt durch die Vermehrung sportlicher Aktivitäten (ergo auch turnkleidungsähnlicher bzw. mindestens bequemerer Kleidungsstücke), Nachkriegsmangel und Reformkleidungsimpulse.[36] Während der Entstehungszeit des Wandervogels aber war die städtisch-bürgerliche Kleidung für die Wandervögel Anzeichen für *„das Individuum sinnlos einzwängende Konventionen."*[37] Die Wandervögel zeigten sich sicher, dass sich *„die Krankheiten der Gesellschaft auch und nicht zuletzt in der Kleidung ausdrückten. Die Fragwürdigkeiten der Zivilisation seien ablesbar an Schuhen, Anzügen und Kostümen, Korsetts und Hüten, die den Körper einschnürten und die Seele verkümmern ließen."*[38]

3.2.   <u>Impulse aus der Reformkleidung</u>

Der Wandervogel hat erhebliche Impulse aus der Lebensreformbewegung entgegengenommen und auch reflektiert und der Gesellschaft so zuträglich gemacht, auch wenn er sich in verschiedenerlei Diskursen von der Lebensreformbewegung selbst immer und immer wieder abgegrenzt hat. Das nimmt auch nicht Wunder, bedenkt man, dass beide Bewegungen doch erhebliche Gemeinsamkeiten und Schnittstellen aufweisen, so zum Beispiel die Forderung nach der Rückkehr zur und in die Natur, zur Natürlichkeit des Menschen überhaupt, ohne die seine Gesundung (von den Krankheiten, die eine unnatürliche,

---

[35] Ebd., S. 146
[36] Vgl. ebd., S. 161 - 188
[37] Grob, Protestgruppen, S. 90
[38] Mogge, Winfried und Reulecke, Jürgen, Hohe Meißner, Köln 1988, S. 348 f., hier zitiert nach Troschke, Anke, „Niemals werden kranke Modeaffen unserem Vaterlande Stütze sein" – Zur Kleidung des Wandervogels, in: Weißler, Sabine (Hg.), Fokus Wandervogel. Der Wandervogel in seinen Beziehungen zu den Reformbewegungen vor dem Ersten Weltkrieg, Marburg 2001, S. 124

entartete, verkrüppelnde Zivilisation begründet hat), seine Wieder-Menschwerdung nicht stattfinden kann. Diese Forderungen wurden im Leben einzelner Menschen realisiert und erstreckten sich auf vielerlei Bereiche, nicht nur auf die Kleidung, auch auf die Ernährung, auf die Pädagogik und Charakterbildung, den Umgang untereinander und zwischen den Geschlechtern, die Körperlichkeit, die Ästhetik, den ganzen Lebensstil an sich. Auch über die Art, wie diese Umwälzungen zu vollbringen seien, waren sich beide Bewegungen durchaus einig: über die Selbstreform, über die Selbsterziehung des Einzelnen hin sollte auf die Veränderung des gesamten Volkes hingewirkt werden.[39]

Sowohl für Frauen-, Männer- als auch für Kinderkleidung strebte die Lebensreformbewegung Veränderungen an. Die wichtigste zielte zunächst auf das Weglassen des gesundheitsschädlichen Korsetts ab. Überhaupt wurde alles, was den Körper einengte, einschnürte und verformte abgelehnt, auch die Schuhe, die die natürliche Fußform nicht bei sich beließen. [41] Allerdings hat sich das als „Sackkleid" beschimpfte Reformkleid nicht als

---

[39] Vgl. Pretzel, Andreas, „Gesundung kraft Wanderung" – Zur Resonanz gesundheitsorientierter Lebensreformbestrebungen in der deutschen Wandervogel- und Jugendbewegung, in: Weißler, Sabine (Hg.), Fokus Wandervogel. Der Wandervogel in seinen Beziehungen zu den Reformbewegungen vor dem Ersten Weltkrieg, Marburg 2001
[40] Grafik 8, http://germanhistorydocs.ghi-dc.org/images/20027580-r%20copy1.jpg, letzter Zugriff am 15. Sept. 2012
[41] Vgl. Adamek, Ulrike, Reformkleidung als Fortschritt? Zur Entstehung einer reformierten Kinderkleidung um die Jahrhundertwende, Diss., Marburg / Lahn 1982, S. 109 - 214

massenweise getragene Alltagskleidung durchgesetzt.[42] Forderungen der Lebensreformbewegung auch für die Kinderkleidung bezogen sich auf waschbare, praktische Stoffe, die dergestalt geschnitten waren, dass man in ihnen nicht nur eingeschränkte Bewegungen vollziehen konnte. Wert wurde auch darauf gelegt, nichts einzuschnüren und die Organe und immerhin noch im Wachsen begriffenen Knochen vor Verformungen zu schützen. Dabei ist das Paradoxe gewesen, dass diese Kleidung einerseits die Schichtzugehörigkeiten verwischt und verschleiert hat, sie andererseits aber auch wieder hervorhob, weil man sie sich leisten können musste. Für die Jungs gestaltete sich diese Mode eher sportlich, für die Mädchen elegant-leger (Blusenkleider, Hängerkleidchen, Schürzenkleider aus leichten Stoffen, ohne schwere Garnituren).[43]

4.   Wandervogelkleidung

4.1 Die Bekleidung der Wandervögel in der Anfangszeit

In der „Sturm- und Drangphase" des Wandervogels existierte noch kein übergeordnetes kulturpolitisches Gedankengebilde, es hieß zunächst einmal, wandern zu gehen, raus zu kommen aus der Enge und Steifheit der (er-)drückenden (Über-)Zivilisation. Diese stürmische Ungeordnetheit zeigt sich auch in der Kleidung der Anfangszeit, über die man sich nämlich zunächst noch überhaupt keine Gedanken machte. Es dominierten Sachen, die auch im schulisch-städtischen Kontext getragen wurden, (Matrosen-)Anzüge, Schülermützen, Hüte, Kragen, alles in allem: bürgerliche Kleidung. Von einer ordentlichen Ausrüstung konnte ebenso noch keine Rede sein: Ranzen und Regenschirm (!) wurden mit auf Wanderschaft genommen.

---

[42] Dass das Reformkleid durchaus kein „Sack" gewesen, sondern aufwendig verziert und von natürlicher Schönheit gewesen ist, davon kann man sich auch in einem Ausstellungskatalog ein Bild machen, vgl. Welsch, Sabine (Hg.), Ein Ausstieg aus dem Korsett. Reformkleidung um 1900, Mathildenhöhe Darmstadt, 3. Februar bis 17. März 1996

[43] Vgl. Weber-Kellermann, Der Kinder neue Kleider, S. 121 - 129

Mit der Übernahme der Wandervogelführung durch Karl Fischer setzte sich ein anderer Kleidungsstil durch, orientiert am Leitbild des Vagabunden, des fahrenden Scholaren, des Kunden (meinte damals: Landstreicher). Die Kleidung selbst war zusammengewürfelt, bestand oft aus Kniebundhosen, Strümpfen und roten Halstüchern. Alles sollte eher derb, zünftig und rau sein – und auch so aussehen: statt des Ranzens nahm man jetzt den Rucksack, statt des Regenschirms die Pelerine. Von ordentlichem Äußeren konnte hier wohl keine Rede sein, je zerfetzter, abgetragener, benutzter, beschmutzter Kleidung und Ausrüstungsgegenstände aussahen, desto „zünftiger" war dessen Besitzer, der sich damit zugleich einen äußerst natürlichen, robusten Charakter und Lebensstil bescheinigte (und: der rauchte, trank und Lieder grölte – wenn er nicht gerade „Kilometer klotzte"!). Ebenso kam – auf Betreiben Karl Fischers hin - der Wandervogelhut auf. Dieser bestand aus grünem Tuch und hatte goldene und rote Streifen (grün-rot-gold waren die Farben des Wandervogels). Er sollte nicht nur das einzig gleichartige Kleidungsstück unter allen Wandervögeln darstellen und damit eine Art inneren Zusammenhalt schaffen, er sollte zugleich die doch eher abgerissen wirkenden Wandervögel, die den Landstreichern nun so ähnlich sahen, doch noch von diesen unterscheiden, schließlich waren sie darauf angewiesen, das Vertrauen der Bauern erwerben zu können um in deren Scheunen schlafen zu dürfen. Die Kleidung, die man jetzt fürs Wandern nutzte, war bequemer als die Schüleranzüge und praktischer als die bürgerlichen Anzüge, sie machte ein richtiges Wandern überhaupt erst möglich und wurde dergestalt zum Symbol für das romantisch verklärte Wander- und Lebensideal der Wandervögel.[45]

---

[44] Grafik 9 http://www.velesova-sloboda.org/jpg/ur-wandervogel.jpg, letzter Zugriff am 15. Sept. 2012
[45] Vgl. Troschke, Kleidung, S. 114 – 119, auch Grob, Protestgruppen, S. 91 - 93

Das bunt zusammengewürfelte, das individuelle, vielgestaltene wurde zum Ideal: *„In manchem Betracht wirkten die hier Versammelten wie ein mittelalterlicher Trachtenaufzug, der allerdings ohne Kostümkenntnisse zustande gekommen war. Jeder hatte eben seine Vorstellung von einer gewissen altertümelnden Daseinsregie durchgesetzt. Und während die jungen Männer in Samt, Rupfen oder ungebleichtem Leinen prunkten und mit Kniehosen, wunderlichen Gürteln und bronzegetriebenen Knöpfen oder Runenbroschen das Stilgesicht ihres neuen Glaubens zu erkennen gaben, hatten die Schüler den Ehrgeiz sich als 'Scholaren´ zu verkleiden. "*[47]

Beides, mittelalterlich anmutende Kleidung wie „germanisch" wirkender Schmuck zu ungebleichtem Leinen oder ähnlichem Gewand kann als Rückgriff auf eine verklärte, romantisierte Epoche verstanden werden, die als „natürlich" im Sinne von „gesund", „naturverbunden", „wahrhaftig" und „näher an der wahren Menschenseele" begriffen worden ist. In dieser Phase wird deutlich, was der Wandervogel ablehnt: die Steifheit der wilhelminischen Gesellschaft – im Wandervogel trägt man, wenn, dann Schiller- statt Vatermörderkragen! -, den Militarismus – statt uniformer Kleidung gestaltet man seinen Aufzug möglichst individuell -, den Zwang, stillzuhalten (in doppelter Hinsicht!) und zu gehorchen, die Doppelmoral und das krank machende, im wahrsten Sinne des Wortes den Menschen verformende Gesellschaftsdiktat. Im Aufzug der Wandervögel wurde die bürgerliche Kleidung und damit ihre Aussage, gebrochen. Es handelte sich in der Anfangsphase ergo um einen reinen Protest, um eine Art Befreiungsschlag, hinter dem kein Plan gestanden hat und der keinen Regeln folgte.

---

[46] Grafik 10, http://farm4.staticflickr.com/3095/2907543214_3dc0df7fab_z.jpg?zz=1, letzter Zugriff am 15. Sept. 2012

[47] Hellwig, Werner, Die Blaue Blume des Wandervogels. Vom Aufstieg, Glanz und Sinn einer Jugendbewegung, Gütersloh 1960, hier zitiert nach Troschke, Kleidung, S. 119

Als Zeichen der ersehnten Erneuerung – des Menschen, der starren und sturen Gesellschaft - kann auch die kurze Hose gelten. Diese bezeichnet in der wilhelminisch-bürgerlichen Gesellschaft die Abhängigkeit eines männlichen Kindes zum Elternhaus, seine Jugendlichkeit, sein Noch-nicht-erwachsen-sein. Die Wandervögel benutzten sie bald auch zum Wandern und gaben damit ihrer Sehnsucht nach Frische, Jugendlichkeit und Freiheit (von den Zwängen des Erwachsenenlebens, von dem Platz, der ihnen in der wilhelminischen Gesellschaft mit ihrem Heranwachsen zugeteilt worden ist), aber auch nach einer gewissen Abhärtung Ausdruck.[48]

4.2 Die versuchte Einführung der Kluft

Mit den Jahren setzte sich allerdings der Trend zur Einheitskleidung zunehmend durch. Statt wie ein abgerissener Landstreicher auszusehen, folgte man nun ab ca. 1908 der Fischerschen Empfehlung, einen Wanderanzug aus grünem oder grauem Loden zu tragen, mit hellem Hemd, kurzer Hose, Wandervogelmütze, Schnürstiefeln und Kniestrümpfen. Ebenfalls als Sinnbild der Jugendlichkeit kann die sich durchsetzende Bartlosigkeit verstanden werden – wiederum ein visueller Protest gegen die als abartig empfundene wilhelminische Gesellschaft mit ihrem „Wir-sind-wer"-Gedröhn, der man lieber eine tiefere, stillere Form des Patriotismus entgegensetzte. Mitgenommen wurden weiterhin Rucksack, Wanderstock und Gitarre.[49]

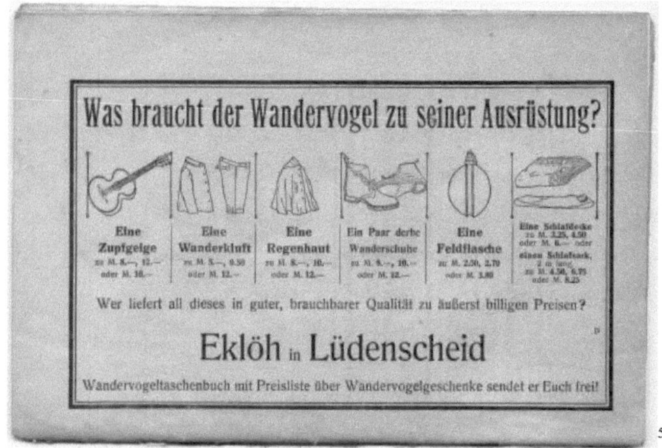

[50]

---

[48] Vgl. Troschke, Kleidung, S. 120 und Weber-Kellermann, Der Kinder neue Kleider, S. 131 f.
[49] Vgl. Grob, S. 93 - 95
[50] Grafik 11, http://www.dhm.de/lemo/objekte/pict/z2901_1913/index.jpg, letzter Zugriff am 15. Sept. 2012

Hernach, bereits zwei Jahre später, setzte sich der „Rippelsamtanzug" durch (Cordanzug), zu dem Sportstrümpfe und ebenfalls kurze Hose getragen wurden. Statt des Wandervogelhuts hatte man eine Zeitlang den „Sepplhut" getragen (mit Federn geschmückt), ab 1912 setzte sich die Barhäuptigkeit durch, auch diese Sinnbild des Protestes, gingen doch in der wilhelminischen Gesellschaft höchstens die Dienstboten ohne Hut auf die Straße.[51] An der Hutlosigkeit wurde in vielen Gruppen auch in den nächsten Jahren festgehalten, an dieser Sache der Einstellung und Gesinnung änderten weder die pralle Sonne noch der prasselnde Regen irgendetwas.

Die Einführung der Kluft bzw. deren Durchsetzung ist nicht nur dem Wunsch der Wandervögel geschuldet, sich von Touristen und „wilden Gruppen", die oftmals den unteren sozialen Schichten zugehörten, deutlich abzugrenzen. Sie entsprach auch, und daran lässt sich gut erkennen, dass der sich Wandervogel eben doch eher einen Freiraum beschaffte denn einen Umsturz der kritisierten bestehenden Verhältnisse anzuzetteln, dem wilhelminischen Zeitgeist mit seinem Uniformfetisch, dem man sich damit doch wieder beugte. Innerhalb der Gruppe existierte ebenso ein Führerprinzip, so dass also bestimmte Formen des Umgangs im Kaiserreich auch mit in die Freizeit genommen worden sind bzw. im Laufe der Jahre dort sich wieder eingeschlichen haben. Natürlich hat es auch hier zeitliche und regionale Unterschiede gegeben, da keine Gruppe der anderen glich. Waren die einen schon voll uniformiert, so liefen die anderen noch mit Sepplhut und bunt zusammengestückelter Kleidung herum. Auffallend ist aber eben doch, dass im Laufe der Jahre eine Vereinheitlichung stattfand und dass das Individuelle, das eigentlich Ausdruck des Wandervogeldaseins gewesen ist, dem Uniformen wich, sprich, dass die Gruppe über den Einzelnen und seine Selbstentfaltung gestellt wurde. Auch in der Ausrüstung zeigt sich die „Vergruppung": nutzte am Anfang noch jeder seinen eigenen kleinen Spirituskocher, so nahm man jetzt „Hordenkochtöpfe" mit auf Fahrt. Spätestens ab 1910 sind Wandervögel, die sich dem Gruppendiktat eines ordentlichen, sauberen, anständigen Äußeren nicht mehr beugen wollten, auch in Diskursen und Texten der wandervogeleigenen Zeitschriften dafür angeklagt und kritisiert worden.[52]

Abbild der Sehnsucht nach einem Leben ohne die ungeliebten und einengenden Konventionen wurde jetzt die äußerliche Erscheinung, die nun auch vielfach diskutiert wurde. Parallel zur Vereinheitlichung der Gruppen setzte sich allerdings auch der Einfluss von Reformkleidung durch, wie wohl man sich von der Lebensreform gern abzugrenzen suchte, so lautet die Beschreibung eines Wandervogels aus dem Graz der Zwanziger Jahre: *„Unsere Kleidung war von erlesener Schlichtheit und deshalb auffälliger als die mit vielen peinvollen Überlegungen zusammengestellte Pracht eines Gecken. In der wärmeren Jahreszeit trugen wir eine kurze Hose aus braunem Samt [Teil der Kluft!, Anm. A.S.R.] ein weißes Hemd, das den Hals freiließ und dessen Ärmel bis zu den Ellbogen aufgekrempelt waren. Ein Hut wurde verschmäht, auch im Regen, ein Selbstbinder war für uns das Abzeichen eines Spießbürgers. Gleich der erste Anblick, den wir darboten, sollte den übrigen Menschen zeigen, daß wir mit ihren Lebensgepflogenheiten gebrochen hatten und entschlossen waren, dem Wettlauf eine Richtung zu geben, die schnurstracks zu Glück und zur Weisheit führte. Unsere Waden waren, kaum daß der Frost verging, nackt, sie schimmerten sommers in goldener Bräune. An den Füßen trugen wir Sandalen; sie hatten ganz niedrige Absätze und wiesen über dem Rist ein kunstvoll verschlungenes Riemenwerk auf, ließen aber die Zehen frei. Die Sandalen hatten verschiedene Namen, je nach ihrem Aussehen, und waren nur in Läden zu kaufen, die mit den Bedürfnissen lebensreformerischer Menschen ein gutes Geschäft zu machen wußten, denn ihre Preise waren im Gegensatz zu den salz- und gewürzlosen Speisen, die sie empfahlen, außerordentlich gepfeffert."*[54]

---

[53] Grafik 12, http://www.nerother-wandervogel.de/wandervoegel-klein.jpg, letzter Zugriff am 15. Sept. 2012
[54] Taucher, Franz, Schattenreise. Von Landsleuten und anderen Menschen, Wien 1973, S. 68

Ab 1917 trugen die Jungs im Sommer meist kittelartige, mit Schillerkragen behaftete Oberteile zu kurzen Hosen, im Winter die dickere Kluft. [55]

Trotz aller Bemühungen um eine Vereinheitlichung blieb es dennoch halbwegs bunt im Bund; dafür waren einfach zu viele Ideen, Stile und Strömungen – ob die Verklärung des Bauernstandes, die Lebensreform, das „zünftige Wanderburschenideal" etc. pp. – integriert. Allerdings hat sich der Wandervogel mit seinem Trend zur Uniformierung durchaus dem Zeitgeist angepasst und ist demnach folgerichtig in den zwanziger Jahren in die bündische Jugend übergegangen, die ja nun bekannt war für ihr uniformes, beinah paramilitärisch anmutendes Auftreten. Allerdings hatte sie das Uniforme ebenso auch als eine Art der Abgrenzung eingesetzt, als eine Art „Uniformen gegen Uniformität"[57], nicht beachtend, dass man in einer von Uniformen durchsetzten Umgebung mit Uniformen nun eben nicht mehr so gut protestieren kann[58]. Aus dem Wunsch, nicht mehr unangenehm aufzufallen, ist eine Art Gleichschaltung geworden, die dem Wandervogel seine Eigenarten abgeschliffen hat und letztlich zu seinem Übergehen in andere Formen der Jugendorganisation führte.

---

[55] Vgl. Grob, Protestgruppen, S. 151

[56] Grafik 13, http://www.digsyshambles.com/wp-content/uploads/2011/09/wandervogel1.jpg, letzter Zugriff am 15. Sept. 2012

[57] Das Wortspiel entstammt dem Titel eines Aufsatzes: Devoucoux, Daniel, Uniformen gegen Uniformität. Das Beispiel Kubrick, in: Mentges, Gabriele und Richard, Birgit (Hg.), Schönheit der Uniformität. Körper, Kleidung, Medien, Frankfurt am Main 2005

[58] Dazu: Haas, Stefan und Hackspiel-Mikosch, Elisabeth, Ziviluniformen als Medium symbolischer Kommunikation. Geschichte und Theorie der Erforschung einer Bekleidungsform an der Schnittstelle von Politik, Gesellschaft, Geschlecht und Kultur, in: ds. (Hg.), Die zivile Uniform als symbolische Kommunikation, München 2006

<u>**4.3 Mädchenbekleidung im Wandervogel**</u>

Die Mädchen hatten auf dem Weg zu einer Kleidung, die ihren Körper nicht mehr verkrüppelte, geschweige denn bequem war und sie nicht mehr zu gehbehinderten Personen machte, natürlich weitaus größere Hindernisse zu überwinden als die Jungen. Seit 1907 auch das Mädchenwandern eingeführt worden war – wobei die Diskussionen darum nie so richtig endeten, ging es nun um die drohende „Verburschung" der Mädchen und die „Verweichlichung" der Jungen aufgrund des Kontakts und Austauschs in gemischtgeschlechtlichen Gruppen oder um andere Themen- und Konfliktfelder, die zwischen den Geschlechtern aufkommen können – waren sie zunächst in Schulkleidung gewandert, mit hochgesteckten Haaren und Schülerinnenmützen. Die Mädchen haben übrigens weitaus mehr Ideen der Lebensreform in ihren Stil integriert als die Jungen; sie waren allerdings auch auf der Suche nach einem eigenen, wohldurchdachten Stil, der auf eine dahinterstehende Weltanschauung verweisen konnte: *„Solange es Wandervögel gibt, hat man sich an der Gestaltung unseres Kleides geübt. Ein Stück unseres Weges ist dieses Suchen nach der Ausdrucksform für das Echte, Schlichte, Einfache, Frohe, Freudige."*[59]

[60]

---

[59] Samm, Das Kleid, in: Der Zwiespruch 10/1919, hier zitiert nach Troschke, Kleidung, S. 125
[60] Grafik 14, http://www.nerother-wandervogel.de/maedels.jpg, letzter Aufruf am 15. Sept. 2012

Überflüssiger Schmuck an der Bekleidung (Zierknöpfe, Rüschen, Voilants, Garnituren, Fälteleien,…) war als Schnickschnack verpönt und wurde weggelassen. Der Stoff der Kleider sollte leicht sein. Ein Hinweis auf die Übernahme lebensreformerischer Ideen zeigte sich darin, dass die Kleider korsettlos getragen wurden und unter der Brust nur lose geschnürt waren oder mit einem Band oder Gummizug gehalten wurden. Die Stickereien, mit denen die Mädchen ihre Kleider verschönerten – die oft einzige Zierde – zeigte oft Blumen-, Ornament- oder Zweigmuster und durfte, nach bäuerlichem Vorbild, ruhig bunt sein. Auch die Mädchen gingen ohne Hut, die Haare bald nicht mehr aufgesteckt, sondern zu Zöpfen geflochten, manchmal auch zu Bauernschnecken aufgerollt, nach altdeutscher Art frisiert, der lange Zopf um den Kopf gewunden. Auch die Schuhe unterschieden sich bald massiv von den viel zu engen, drückenden Schnürschühchen der Stadtbewohnerinnen: Wandervogelinnen trugen derbe Wanderstiefel mit dicken Sohlen. Klar tritt hervor, dass die Mädchen für ihr Recht, sich einfach, gesund und natürlich zu kleiden, viel heftiger zu kämpfen hatten als die Jungen – und dafür auch häufiger und heftiger sozial geächtet wurden (z.T. von ihren eigenen Lehrern!). Ihre Kleidung wurde jedoch nicht nur von den Reform-, sondern auch von Bauern-, Trachten und Kittelkleidern inspiriert.[61]

---

[61] Vgl. Troschke, Kleidung, S. 125 – 132 und Grob, Protestgruppen, S. 112 - 119

62

Ziel war, einen eigenen Stil zu schaffen, der sich von der wankelmütigen Mode einer verachteten Scheinkultur nicht beeinflussen lassen würde: *„Wir wollten unsere Kleidung gesund, schön und zweckmäßig gestalten. Die Mode aber, im gewissen Sinne immer ein Spiegel der Zeiten und Sitten, war im Zeitalter des Schnellverkehrs und der Großstadt, mehr denn je ein unruhiges, gaukelisches, launisches und üppiges Ding. Sie war das Abbild der Scheinkultur, deren Leere sich in sinnpeitschenden Vergnügungen zeigte.“*[63]

---

[62] Grafik 15, http://upload.wikimedia.org/wikipedia/commons/d/d5/Bundesarchiv_Bild_146-1983-020-10A,_Wanderv%C3%B6gel.jpg, letzter Zugriff am 15. Sept. 2012

[63] Freideutsche Jugend, 2. Jg., 2/1916, S. 45, hier zitiert nach Troschke, Kleidung, S. 129 f.

Auf der Suche nach der „wahrhaftigen" Kleidung nahmen die Mädchen auch ein 1913 von Lotte Frucht und Christian Schneehagen (beide Wandervögel) herausgegebenes Kleiderbüchlein zu Hilfe. Sie bewegten sich stets auf schmalem Grat: wollten sie selber sich doch ein Stück befreien und kein unselbstständiges, verfügbares Püppchen mehr sein, traf sie doch auch die Kritik der eigenen Wandervogelkumpanen und –kumpaninnen, wenn sie zu burschikos auftraten, in zu grellen Farben sich kleideten oder allgemein nicht sauber, hübsch und ordentlich genug waren (oder es sich gar wagten, unweibliche Pumphosen anzuziehen!). Im Laufe der Zeit und vor allem nach 1914 setzte sich bei den Wandervogelinnen allgemein ein Trend durch, eine eigens entworfene Fahrtenbluse zu tragen (ein weiterer Schritt auf dem Weg zur Uniformierung) bzw. auch das als Festkleid konzipierte Eigenkleid. Als wichtig wurde stets angesehen, das Wandervogelinnendasein nicht als Freizeit zu begreifen, sondern auch in den Alltag hineinzutragen und sich dementsprechend nicht nur auf Fahrt dergestalt anzuziehen.[65]

Eine direkte und tiefgreifende Auseinandersetzung damit, was nun „wirklich weiblich" ist oder sein sollte, hat nicht stattgefunden, allerdings sind die Veränderungen, die die Wandervogelinnen für sich selbst durchgesetzt haben, angesichts der Zeitumstände auch schon beträchtlich genug.

---

[64] Grafik 16, http://img224.imageshack.us/img224/3591/30303ja0.jpg, letzter Zugriff am 15. Sept. 2012
[65] Vgl. Grob, Protestgruppen, S. 136 – 142, S. 154, S. 161

4.4 Festkleidung

Diskutiert wurde nicht mehr nur, was auf der Fahrt getragen werden sollte um bei Menschen, die dem Wandervogel nicht zugehörten, nicht mehr unangenehm aufzufallen (bei den Mädchen möglichst: Reformrock, Bluse, Wanderstiefel oder Bauernkleid), es wurde auch eine Festkleidung kreiert, die dem Wesen des Wandervogels äußeres Abbild sein sollte und die der immer intensiveren Pflege und Recherche deutscher Volkstänze und –lieder und deutschen Brauchtums Rechnung trug. Hierzu trugen die Jungen *„über einem weißen, langärmligen Hemd mit Schillerkragen einen dunklen, altdeutsch anmutenden, knapp sitzenden Trägerhänger, der in der Taille mit einem verzierten Gürtel zusammengehalten wird. Dazu lange schwarze Strümpfe und Sandalen. Die Mädchen tragen fast alle einfarbige, gerade geschnittene, wadenlange Kleider mit halblangen Ärmeln, die unter der Brust mit einer Schnur, Gummizug oder Gürtel gehalten werden. Sie sind relativ weit geschnitten, so daß sicherlich keine ein Korsett trägt. Der Halsausschnitt ist rund und mit Stickerei oder kleinem Kragen verziert.“[67]*

---

[66] Grafik 17, http://www.etwasprojects.com/wp-content/uploads/2010/03/wandervogel_jugendgruppe_1836297propertyzoom.jpg, letzter Zugriff am 15. Sept. 2012
[67] Grob, Protestgruppen, S. 122 f.

Die bäuerlich anmutenden Stickereien verweisen ganz deutlich auch auf eine Abkehr von der sozialen Herkunft, da es in bürgerlichen Schichten üblich war, Kleidung anfertigen zu lassen, statt die sogenannten „Eigenkleider" zu tragen (die so hießen, weil man eigens Hand an sie legte, um sie individueller zu gestalten). Aber auch die Festkleidung ist natürlich nicht einheitlich gewesen, wie unzählige Fotos beweisen. Auf einem Fest ist es allerdings üblich, möglichst repräsentative Kleidung zu tragen, nicht speziell um Stand und Schichtzugehörigkeit zu offenbaren, auch als Zeichen der Selbstentfaltung und als Hinweis auf Charakter und Weltanschauung eines Menschen. Dahingehend ist es natürlich interessant zu sehen, was die Wandervögel auf den ihnen so wichtigen Zusammenkünften getragen haben: deutlich ist, dass alter und neuer Stil sehr lange nebeneinander existiert haben. So finden sich noch weitere Mädchen in Reformkleidern und Reformlodenröcken auf Festfotographien, auch in Eigen- und Dirndlkleidern, geblümten Sommerkleidern, Kittel- und Bauernkleidern; die Jungs teils kurzbehost und barfuß mit kurzem Leinenkittel, teils in Kniebundhose, Halbschuhen, Strümpfen und Cordjacke mit Hemd und Schlips. Zwei Stile haben sich bei der Festkleidung der Jungen durchgesetzt: zunächst das Schillerkragenhemd mit Schlips zur kniekurzen Hose, danach ein bis an die Oberschenkel reichender Leinenkittel mit Schillerkragen, in der Taille mit Strick oder Gürtel gebunden und über der kniefreien Hose getragen. Eine durchgängige Vereinheitlichung der Kleidung hat jedoch nicht stattgefunden, im Vergleich zur Bündischen Jugend war der Wandervogel noch immer eine

---

[68] Grafik 18, http://www.arthurmag.com/magpie/wp-content/uploads/2007/08/cs7.jpg, letzter Zugriff am 15. Sept. 2012

überaus ungewöhnliche, bunte Erscheinung. Über die Kleiderfrage wurde heftig gestritten, für das Meißnerfest 1913 wurde gar ein eigener Kleiderausschuss geschaffen, der sich mit dieser Frage beschäftigte; es wurde eigens ein schmales Büchlein von Lotte Frucht und Christian Schneehagen herausgegeben, welches das Thema behandelte.[69]

Darin heißt es: „*Man fühlte allgemein, daß sich unser Wesen auch in einer neuen Form der Kleidung ausdrücken müsse. (...) [Dabei, Anm. A.S.R.] handelt (es) sich nicht um Uniformierung oder Kostümierung, sondern um ein ernstes Suchen nach den Formen in unserer Kleidung, die (...) uns entsprechen. Gesund, natürlich und schön soll unsere Kleidung sein.*"[71] Die Kleidung sollte ebenso wahrhaftig, schlicht rein sein wie der Charakter eines jeden Wandervogels selbst. Auch das nationalistische Element wurde diskutiert bzw. festgestellt, wenn z. B. dazu aufgefordert wurde, sich ausschließlich „deutsch" zu kleiden, d.h., wechselnde Moden – deren Entwürfe schließlich dem Erzfeind Frankreich zugeschrieben wurden – nicht mitzumachen.[72]

---

[69] Vgl. Grob, Protestgruppen, 122 - 134
[70] Grafik 19, http://www.planet-wissen.de/politik_geschichte/organisationen/pfadfinder/img/intro_pfadis_wandervogel_g.jpg, letzter Zugriff 15. Sept. 2012
[71] Frucht / Schneehagen 1913, 6, hier zitiert nach Grob, Protestgruppen, S. 134
[72] Vgl. Grob, Protestgruppen, S. 134 ff.

5.   <u>Schlusswort und Fazit</u>

Die Wandervogelkleidung hat im Laufe der Jahre eine massive Veränderung erfahren, die auch hinweist auf weiterführende Veränderungen in den Wandervogelgruppen selbst. Hatte sie sich nach wenigen Jahren, in denen noch in Schüler-, Matrosen- und bürgerlichen Anzügen gewandert worden ist zunächst als reine Protestkleidung gegen die starre, steife, als sinnentleert empfundene wilhelminische Gesellschaft gezeigt, hinter der nichts als Spontanität gestanden haben kann (das bunte zusammengewürfelte, teils abgerissen-schmutzige Kunden- und Vagantenhafte offenbarte sich hier, mit großen (Schlapp-)Hüten), so ist dieses Derbe, Raue (und auch: Ungepflegte) schnell abgeschliffen worden. Es begann mit dem Wunsch, sich als Gruppe auszuweisen (Anstecknadeln, die auf die Gruppenzugehörigkeit verwiesen, die „Wandervogelmütze" mit entsprechend grün-rot-goldener Schmückung). Dahinter steckt bereits der Beginn einer sich entwickelnden und in den nächsten Jahren immer weiter ausreifenden kulturpolitischen-weltanschaulichen Überbaus, den es in der Anfangsphase, als es noch „nur" ums Wandern ging und dieses noch nicht Mittel zum Zweck einer ganz anderen Lebensführung war, so noch nicht gegeben hat. Es kamen weiterhin Hinweise auf, sich doch bitte ordentlich, sauber und wohlerzogen zu kleiden, das hat der Kleidung selbstredend so einiges an Protestcharakter genommen. Ein wichtiger Punkt ist auch für die Wandervögel selbst, die in ihrem Bund stets heftig darüber diskutiert haben, wie sie ihrer Einstellung über die Kleidung Ausdruck verleihen könnten, immer gewesen, so wahrhaftig wie möglich eben nicht nur zu scheinen, sondern auch zu sein und so auch die Kleidung so schlicht, schön, praktisch und gesund auszuwählen. Der Übergang von der Wander- zur Festkleidung weist außerdem hin auf die steigende Bedeutung des Festes selbst für die Vögel, welche beinahe schon an die der Fahrt heranreichte. Dies wiederum ist Zeichen für eine Ideologie, in der das deutsche Brauchtum, seine Volkslieder und –tänze großen Einfluss gehabt haben.[73]
Versatzstücke dieser hinter dem Wandervogel stehenden Ideologie haben sich immer und immer wieder gezeigt: in dem Bild der fahrenden Scholaren, die auf ein romantisiertes Mittelalterbild hinweisen, in dem Drang der Mädchen, sich möglichst bäuerlich zu kleiden, was auf eine Verklärung des Bauernstandes hinweist, in den immer wieder getätigten Hinweisen, sich „deutsch" anzuziehen, was hier als Synonym für das Solide, Geerdete, Wahrhaftige (im Gegensatz zum leichtfertigen, leichtlebigen, oberflächlichen französischen „Modediktat) verstanden worden ist. Die Wandervogelkleidung hat stets auch einen ambivalenten Hinweis auf die Herkunft seiner Träger vermittelt: war sie einerseits Protest

---

[73] Vgl. Grob, Protestgruppen, S. 166 - 172

gegen die wilhelminische Gesellschaft und auch gegen die Schicht, der man entstammte (so mit dem selber gefertigten Eigenkleid der Mädchen, dem Weglassen des Korsetts, bei den Jungen mit der Art, sich ganz anders als der übliche „feine Herr" zu kleiden, aber eben auch mit der Kluft, die äußerlich die (innerständischen, muss man wohl sagen) Unterschiede verwischte), so verwies sie andererseits eben auch auf sie, z. B. wenn die Wandervögel immer wieder starke Tendenzen zeigten, sich äußerlich nicht nur von Touristen, sondern eben auch von „wilden Gruppen" abzugrenzen, die eben den unteren sozialen Schichten angehörten. Hier zeigt sich, dass der Wandervogel eine Protestbewegung war, die die Grundpfeiler der Gesellschaft und Schicht, der er entstammte, nicht antastete oder in Frage stellte. Er hat sich, so lange er existierte[74], auf einem schmalen Grat bewegt mit seinem Wunsch, sich zugleich von der Gesellschaft abzugrenzen, aber eben auch von ihr akzeptiert werden zu wollen (sonst hätte man sich nicht immer und immer wieder gegenseitig ermahnt, sich sauber und ordentlich zu kleiden!). Typisch für ihn also ist der Glauben, eine Vorreiterrolle zu besitzen (typisch auch für seine Schicht, das Bildungsbürgertum, das von jeher annahm, das Monopol auf die Kunst zu haben und auf die Kultur als solche); kein Wunder also, dass der Wandervogel sich als Elite empfunden hat. Mit den Forderungen der Lebensreform haben sich die seinen teilweise stark überschnitten – gesund, natürlich und schön sollte die Kleidung sein, genauso sollte aber auch der Mensch sein. Der Wandervogel hat Impulse aus der Lebensreform erhalten, wiewohl er sich gegen diese verbal auch immer wieder abgegrenzt hat, und er hat sich kleidungstechnisch als Multiplikator für die Lebensreformmode erwiesen und geholfen, dieser in der Gesellschaft eine stärkere Akzeptanz zu sichern. Wieder andere Kleiderzeichen deuten auf die kulturpessimistischen Erneuerungsphantasien und den Jugendkult hin, wie die innerhalb des Wandervogels von den Knaben, die manchmal schon gar keine mehr waren – und später insgesamt in der gesamten Jugendbewegung bis hin auch in der Hitlerjugend – getragene kurze Hose.

Tatsache ist, dass der Wandervogel im Laufe der Jahre eine Tendenz aufgewiesen, die Gruppe über den Einzelnen zu stellen (in den Anfangsjahren undenkbar, betrachtet man die außerordentlich sich unterscheidenden, phantasievoll, mehr oder weniger geschmackssicher gekleideten Gestalten!) und eine einheitliche Kluft einzuführen. Dies ist nicht nur Hinweis auf ein erhöhtes Gruppenempfinden und eine starke Abgrenzungstendenz, dies ist auch dem Fakt geschuldet, dass sich der Wandervogel ideologisch nie grundlegend mit den Konventionen und der Gesellschaft beschäftigt hat, gegen die er protestierte. Eine umfassende kulturpolitische Alternative, auf die der Widerstand, den der Wandervogel ja immerhin auch

---

[74] Er existiert ja wieder, allerdings soll in dieser Arbeit wirklich nur der Wandervogel von seiner Gründung bis in die zwanziger Jahre des vergangenen Jahrhunderts betrachtet werden.

geleistet hat, sich hätte stützen können, hat es nicht gegeben, die Grundpfeiler der Gesellschaft sind nicht in Frage gestellt oder einer Kritik unterzogen worden. Damit nimmt es auch nicht Wunder, dass der Wandervogel keine Alternative zur Gesellschaft gewesen ist, sondern eine Art Flucht, ausgeübt in der Freizeit, trotz der Aufrufe, die Einstellung des Wandervogels mit in den Alltag hineinzutragen (und damit auch: die Kleidung!) und sich als „wahrer" Wandervogel zu erweisen, der sich eben nicht nur in seiner Freizeit „verkleidet". Da der Wandervogel sich also nicht grundlegend mit der Gesellschaft, der er zeitweise entflohen ist, auseinandergesetzt hat, ist er in ihr verhaftet geblieben ist und letztlich, gut erkennbar an der beginnenden Uniformierung und letztlich im Übergang zur volluniformierten bündischen Jugend, die ja schließlich in Versatzstücken als Vorbild auch für die Hitlerjugend gedient hat, vom Zeitgeist, und das meint hier: von der Militarisierung der Gesellschaft, eingeholt und gänzlich wieder von ihr vereinnahmt worden.

6.   **<u>Literaturliste, Bildnachweise und Selbstständigkeitserklärung</u>**

<u>Literatur:</u>

Aufmuth, Ulrich, Die deutsche Wandervogelbewegung unter soziologischem Aspekt, Göttingen 1979

Baacke, Dieter, Wechselnde Moden. Stichwörter zur Aneignung eines Mediums durch die Jugend, in: Baacke, Dieter u.a. (Hg.), Jugend und Mode, Leverkusen 1988

Blüher, Hans, Wandervogel. Geschichte einer Jugendbewegung, 2 Bände, Berlin 1912

Devoucoux, Daniel, Uniformen gegen Uniformität. Das Beispiel Kubrick, in: Mentges, Gabriele und Richard, Birgit (Hg.), Schönheit der Uniformität. Körper, Kleidung, Medien, Frankfurt am Main 2005

Dollase, Rainer, „Von ganz natürlich bis schön verrückt" – Zur Psychologie der Jugendmode, in: Baacke, Dieter u.a. (Hg.), Jugend und Mode, Leverkusen 1988

Eckert, Roland, Jugend als Utopie: Der Wandervogel, in: Herrmann, Ulrich (Hg.), „Mit uns zieht die neue Zeit..." Der Wandervogel in der deutschen Jugendbewegung, Weinheim / München 2006

Fritz, Michael u.a., „... und fahr'n wir ohne Wiederkehr." Ein Lesebuch zur Kriegsbegeisterung junger Männer, Band 1: Der Wandervogel, Frankfurt am Main 1990

Gerber, Walther, Zur Entstehungsgeschichte der deutschen Wandervogelbewegung. Ein kritischer Beitrag, Bielefeld 1957

Grob, Marion, Das Kleidungsverhalten jugendlicher Protestgruppen in Deutschland im 20. Jahrhundert, Münster 1985

Haas, Stefan und Hackspiel-Mikosch, Elisabeth, Ziviluniformen als Medium symbolischer Kommunikation. Geschichte und Theorie der Erforschung einer Bekleidungsform an der

Schnittstelle von Politik, Gesellschaft, Geschlecht und Kultur, in: ds. (Hg.), Die zivile Uniform als symbolische Kommunikation, München 2006

Helwig, Werner, Die blaue Blume des Wandervogels. Vom Aufstieg, Glanz und Sinn einer Jugendbewegung, Baunach 1998

Herrmann, Ulrich, Den Wandervogel verstehen – eine Annäherung im Lichte einer frühen Selbstdeutung, in: ds. (Hg.), „Mit uns zieht die neue Zeit...“ Der Wandervogel in der deutschen Jugendbewegung, Weinheim / München 2006
Herrmann, Ulrich, Wandervogel und Jugendbewegung im geistes- und kulturgeschichtlichen Kontext vor dem Ersten Weltkrieg, in: ds. (Hg.), „Mit uns zieht die neue Zeit...“ Der Wandervogel in der deutschen Jugendbewegung, Weinheim / München 2006

Klönne, Irmgard, „...nicht Wasser mehr und Feuer...“ Das Geschlechterverhältnis in der Jugendbewegung, in: Herrmann, Ulrich (Hg.), „Mit uns zieht die neue Zeit...“ Der Wandervogel in der deutschen Jugendbewegung, Weinheim / München 2006
Murdock, Graham und McCron, Robin, Klassenbewusstsein und Generationsbewusstsein, in: Clarke, John u.a. (Hg.), Jugendkultur als Widerstand, Frankfurt am Main 1981

Müller, Alexander Konrad, der Wandervogel in Dresden, in: Dresdner Geschichtsverein e.V. (Hg.), Dresdner Hefte - Beiträge zur Kulturgeschichte, In Wanderkluft und Uniform. Jugendbewegung in Sachsen, 26. Jahrgang, Heft 90, 2/2007

Müller, Siegfried, Kleider machen Politik, in: Landesmuseum für Kunst und Kulturgeschichte Oldenburg (Hg.), Kleider machen Politik. Zur Repräsentation von Nationalstaat und Politik durch Kleidung in Europa vom 18. bis zum 20. Jahrhundert, Oldenburg 2002, S. 6 – 12

Müller, Siegfried, Kleidung und Nation – ein Vergleich, in: Landesmuseum für Kunst und Kulturgeschichte Oldenburg (Hg.), Kleider machen Politik. Zur Repräsentation von Nationalstaat und Politik durch Kleidung in Europa vom 18. bis zum 20. Jahrhundert, Oldenburg 2002, S. 51 – 53

Schad, Wolfgang, Zur Anthropologie der Bekleidung, in: Nixdorff, Heide (Hg.), Das textile Medium als Phänomen der Grenze – Begrenzung – Entgrenzung, Berlin 1999

Schwarte, Norbert, Kameradschaftlichkeit als Leitbild: Jugendbewegung und Jugendhilfe, in: Herrmann, Ulrich (Hg.), „Mit uns zieht die neue Zeit..." Der Wandervogel in der deutschen Jugendbewegung, Weinheim / München 2006

Siefert, Hermann, Untersuchungen zur Entstehung und Frühgeschichte der Bündischen Jugend, Diss., 1961

Stambolis, Barbara, Mythos Jugend – Leitbild und Krisensymptom. Ein Aspekt der politischen Kultur im 20. Jahrhundert, Schwalbach / Ts. 2003

Scholtz, Harald, Der Wandervogel im Kontext der Jugendpolitik des Wilhelminischen Kaiserreichs, in: Herrmann, Ulrich (Hg.), „Mit uns zieht die neue Zeit..." Der Wandervogel in der deutschen Jugendbewegung, Weinheim / München 2006

Stoff, Heiko, Ewige Jugend. Konzepte der Verjüngung vom späten 19. Jahrhundert bis ins Dritte Reich, Köln 2004

Taucher, Franz, Schattenreise. Von Landsleuten und anderen Menschen, Wien 1973

Troschke, Anke, „Niemals werden kranke Modeaffen unserem Vaterlande Stütze sein" – Zur Kleidung des Wandervogels, in: Weißler, Sabine (Hg.), Fokus Wandervogel. Der Wandervogel in seinen Beziehungen zu den Reformbewegungen vor dem Ersten Weltkrieg, Marburg 2001

Ulbricht, Justus H., Aufbruch an Elbe und Saale. Anfänge sächsischer Jugendbewegung, in: Dresdner Geschichtsverein e.V. (Hg.), Dresdner Hefte - Beiträge zur Kulturgeschichte, In Wanderkluft und Uniform. Jugendbewegung in Sachsen, 26. Jahrgang, Heft 90, 2/2007

Vinken, Barbara, Mode. Spiel mit Grenzen, in: Nixdorff, Heide (Hg.), Das textile Medium als Phänomen der Grenze – Begrenzung – Entgrenzung, Berlin 1999

„Was ist der Wandervogel?", Aus der Festschrift „Freideutsche Jugend. Zur Jahrhundertfeierauf dem Hohen Meißner 1913", Abdruck in Herrmann, Ulrich (Hg.), „Mit uns zieht die neue Zeit..." Der Wandervogel in der deutschen Jugendbewegung, Weinheim / München 2006

Weber-Kellermann, Der Kinder neue Kleider. Zweihundert Jahre deutsche Kindermoden, Frankfurt am Main 1985

Wedemeyer-Kolwe, Der „neue Mensch" in seinem „neuen Körper": Jugendbewegung und Körperkultur, in: Herrmann, Ulrich (Hg.), „Mit uns zieht die neue Zeit..." Der Wandervogel in der deutschen Jugendbewegung, Weinheim / München 2006

Welsch, Sabine (Hg.), Ein Ausstieg aus dem Korsett. Reformkleidung um 1900, Mathildenhöhe Darmstadt, 3. Februar bis 17. März 1996

Bildnachweise:

Grafik 1, http://www.raunend.com/myspace/wandervogel.jpg, letzter Zugriff 15. Sept. 2012

Grafik 2, http://2.bp.blogspot.com/-nhmwouiVSu0/TtiHp2GA4ZI/AAAAAAAAEmA/2TkMYUuaE_4/s1600/norwegen_1913_2.jpg, letzter Zugriff am 15. Sept. 2012

Grafik 3, http://www.historical-costumes.eu/08_Text_Gr%C3%BCnderzeit_Jugendstil/01_Herren_gr%C3%BCnderzeit_1870er_jahre_gro%C3%9F.jpg, letzter Zugriff 15. Sept. 2012

Grafik 4, http://2.bp.blogspot.com/-YjKkgbTJujA/TxsVuw2-rTI/AAAAAAAABck/ww25y105GwQ/s320/tumblr_kuly6ukfJm1qarrqqo1_400.jpg, letzter Zugriff am 15. Sept.

Grafik 5, http://upload.wikimedia.org/wikipedia/commons/thumb/7/7a/3916Chapeau_tendu.png/220px-3916Chapeau_tendu.png, letzter Zugriff am 15. Sept. 2012

Grafik 6, http://www.historical-
costumes.eu/08_Text_Gr%C3%BCnderzeit_Jugendstil/08_brautkleid_gr%C3%BCnderzeit_1
875_gro%C3%9F.jpg, letzter Zugriff am 15. Sept. 2012

Grafik 7, http://www.deutsche-schutzgebiete.de/webpages/Sachsen-Altenburg_Kinder.jpg,
letzter Zugriff 15. Sept. 2012

Grafik 8, http://germanhistorydocs.ghi-dc.org/images/20027580-r%20copy1.jpg, letzter
Zugriff am 15. Sept. 2012

Grafik 9 http://www.velesova-sloboda.org/jpg/ur-wandervogel.jpg, letzter Zugriff am 15.
Sept. 2012

Grafik 10, http://farm4.staticflickr.com/3095/2907543214_3dc0df7fab_z.jpg?zz=1, letzter
Zugriff am 15. Sept. 2012

Grafik 11, http://www.dhm.de/lemo/objekte/pict/z2901_1913/index.jpg, letzter Zugriff am 15.
Sept. 2012

Grafik 12, http://www.nerother-wandervogel.de/wandervoegel-klein.jpg, letzter Zugriff am
15. Sept. 2012

Grafik 13, http://www.digsyshambles.com/wp-content/uploads/2011/09/wandervogel1.jpg,
letzter Zugriff am 15. Sept. 2012

Grafik 14, http://www.nerother-wandervogel.de/maedels.jpg, letzter Aufruf am 15. Sept. 2012

Grafik 15, http://upload.wikimedia.org/wikipedia/commons/d/d5/Bundesarchiv_Bild_146-
1983-020-10A,_Wanderv%C3%B6gel.jpg, letzter Zugriff am 15. Sept. 2012

Grafik 16, http://img224.imageshack.us/img224/3591/30303ja0.jpg, letzter Zugriff am 15.
Sept. 2012

Grafik 17, http://www.etwasprojects.com/wp-content/uploads/2010/03/wandervogel_jugendgruppe_1836297propertyzoom.jpg, letzter Zugriff am 15. Sept. 2012

Grafik 18, http://www.arthurmag.com/magpie/wp-content/uploads/2007/08/cs7.jpg, letzter Zugriff am 15. Sept. 2012

Grafik 19, http://www.planet-wissen.de/politik_geschichte/organisationen/pfadfinder/img/intro_pfadis_wandervogel_g.jpg, letzter Zugriff 15. Sept. 2012

BEI GRIN MACHT SICH IHR WISSEN BEZAHLT

- Wir veröffentlichen Ihre Hausarbeit,
  Bachelor- und Masterarbeit

- Ihr eigenes eBook und Buch -
  weltweit in allen wichtigen Shops

- Verdienen Sie an jedem Verkauf

**Jetzt bei www.GRIN.com hochladen
und kostenlos publizieren**